米莱知识宇宙

启航吧知识号

让孩子读懂数学语言

米莱童书 著/绘

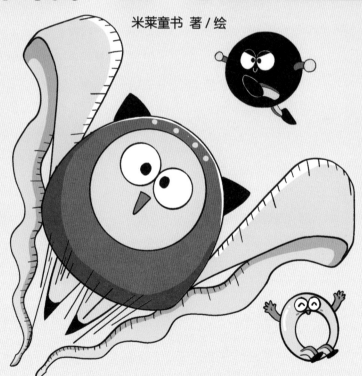

北京理工大学出版社
BEIJING INSTITUTE OF TECHNOLOGY PRESS

作为"人类智慧皇冠上最灿烂的明珠",数学是一门非常重要的学科。从远古时期的结绳记数、累加计算到现在的大数据和云计算,从稳定的勾股定理、和谐的黄金比例到奇特的分形,从维持基本生存、逐步开发地球到探索广袤宇宙,数学出现在人类认识和改造世界的方方面面,与生活息息相关,并与前沿科学和高新科技不断携手向前。数学是每一位小朋友从背上书包进入学校起就会接触的科目,会伴随他们的整个童年和少年时光。

"良好的开始是成功的一半",在刚刚接触数学时,建立起对基础概念的科学认识,培养起数学学习的兴趣,是非常关键的一环。《启航吧,知识号:让孩子读懂数学语言》就是一本意趣盎然的数学学科漫画图书,聚焦于核心数学主题,从对日常生活的观察和感知入手,强化对基础概念的认知和理解,一点点地引导小读者把握数学思维的规律和方法,克服数学入门阶段的学习难点,从而为整个数学学习的历程打下坚实的基础。这本书采用了漫画的讲述形式,每个数学主题的拟人化角色都鲜活生动,选取的例子贴近孩子的生活,还融入了丰富的数学文化与前沿应用,读起来很有意思。

数学来自生活,我们的数学教育也不应该脱离生活。当孩子发现:花朵会盛开 3 瓣、5 瓣或 8 瓣是有数学规律的;蜜蜂会给自己搭建正六边形的房子是有数学原因的;在自己跟父母讨价还价中其实会动用数学的思维;运用数学的方法不仅可以计算,还可以解释、分析和预测自然、社会,甚至心理上的各种现象……他们就不会再觉得数学冰冷、枯燥了,他们会爱上这门迷人的学科。

愿孩子们能在这本书中感受到数学之美,爱学数学,学好数学。

中国科学院院士、数学家、计算数学专家
郭柏灵

数量与数字

目录

计量单位

小数与分数

加减运算

01

数量与数学

数感大有用

多亏鸟妈妈感知到鸟宝宝数量的变化，及时发现巢穴里少了一只鸟，才避免了母子分离。

生活中，你常常也会有意或无意地感受到"数"的存在。

今天的花比昨天多开了一些，真好看！

为什么蔬菜比之前变多了，肉却变少了，哼！

对数量多少的感知与数感有关，数感是人类和许多动物都具备的能力，对于生存意义重大。

不只是数感

现在的道路上有自行车、摩托车和汽车，你能一眼看出哪个多、哪个少吗？

感知数量是我们具备的技能，但有些时候，这并不是一件容易的事儿。

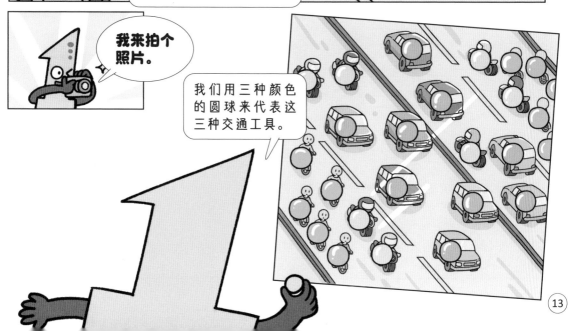

我来拍个照片。

我们用三种颜色的圆球来代表这三种交通工具。

它们分别变成了现在的样子：

在数数时，每个数量都有了自己对应的名字，这就是数字。

进位，进位，向前进位

在包装车间里，首先，一根根铅笔会被装进盒里，每到放完第十根铅笔的时候，一个纸盒就装满了。因此，1 盒铅笔等于 10 根铅笔。

接着，一盒盒铅笔会被装进袋里，每到放完第十盒的时候，一个纸袋就装满了。因此，1 袋铅笔等于 10 盒铅笔，又等于 100 根铅笔。

在数数的时候，每数到 9，计数器上表示个位的算珠已经摆满，想要表示 10 就需要前进到十位。因此，十位上的 1 表示一个 10。

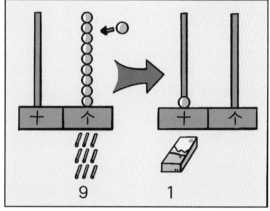

9   1

在数数的时候，每数到 99，计数器上表示个位和十位的算珠都已经摆满，想要表示 100 就需要前进到百位。因此，百位上的 1 表示一个 100。

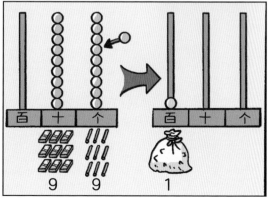

9 9   1

然后，一袋袋铅笔会被装进箱里，每到放完第十袋的时候，一个纸箱就装满了。因此，1 箱铅笔等于 10 袋铅笔，等于 100 盒铅笔，又等于 1 000 根铅笔。

在数数的时候，每数到 999，计数器上表示个位、十位和百位的算珠都已经摆满，想要表示 1 000 就需要前进到千位。因此千位上的 1 表示一个 1 000。

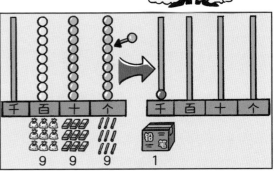

总结一下: 千位上的数字是几，就代表有多少个 1 000，百位上的数字是几，就代表有多少个 100，十位上的数字代表有多少个 10，个位上的数字代表有多少个 1。这样，总共有多少根铅笔就一目了然啦!

在进位时，我们每次都是满十向前一位进一，这叫作十进位制。那么，进位时为什么要选择 10 这个数字呢？

这是因为人们有 10 根手指，所以十个十个地来计数最为方便。

要是别的星球上的外星人有 8 根手指，那么他们很可能会采用八进位制。

在地球上，除了十进位制，还存在很多其他的进位制。

多样的进位制

在广阔的西伯利亚大草原，楚科奇人以放牧驯鹿为生。日常生活中，他们会用"二十进制"来清点鹿群的数量。

在数数时，如果把双脚也加进来，一个人的手指和脚趾加起来总共是20。

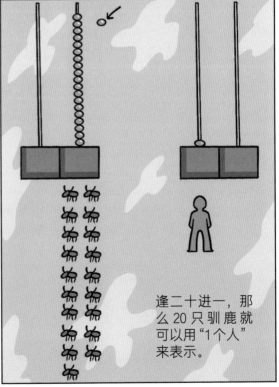

逢二十进一，那么20只驯鹿就可以用"1个人"来表示。

我们来看看怎样用二进制表示数量……

十进制数字　数量　　　　　　　　　　　　　　　　　　　　　　二进制数字

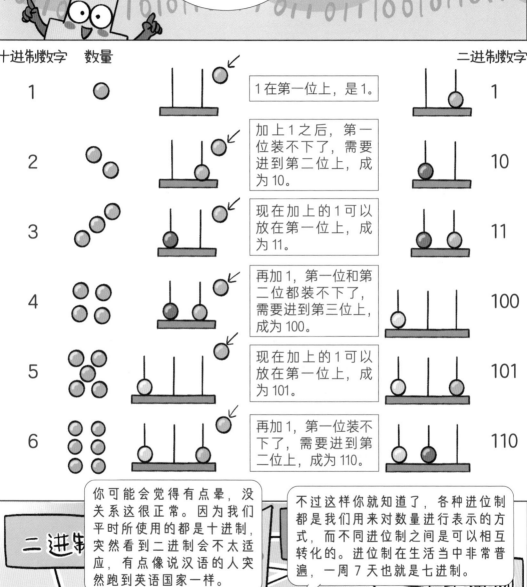

1　　　1在第一位上，是1。　　　　　　　　　1

2　　　加上1之后，第一位装不下了，需要进到第二位上，成为10。　　　10

3　　　现在加上的1可以放在第一位上，成为11。　　　11

4　　　再加1，第一位和第二位都装不下了，需要进到第三位上，成为100。　　　100

5　　　现在加上的1可以放在第一位上，成为101。　　　101

6　　　再加1，第一位装不下了，需要进到第二位上，成为110。　　　110

你可能会觉得有点晕，没关系这很正常。因为我们平时所使用的都是十进制，突然看到二进制会不太适应，有点像说汉语的人突然跑到英语国家一样。

不过这样你就知道了，各种进位制都是我们用来对数量进行表示的方式，而不同进位制之间是可以相互转化的。进位制在生活当中非常普遍，一周7天也就是七进制。

二进制

六进制

十六进制

零不代表"没有"

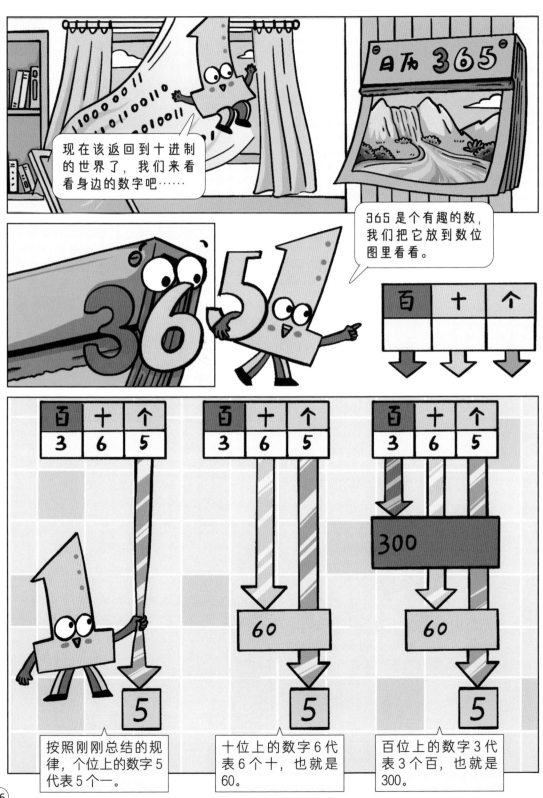

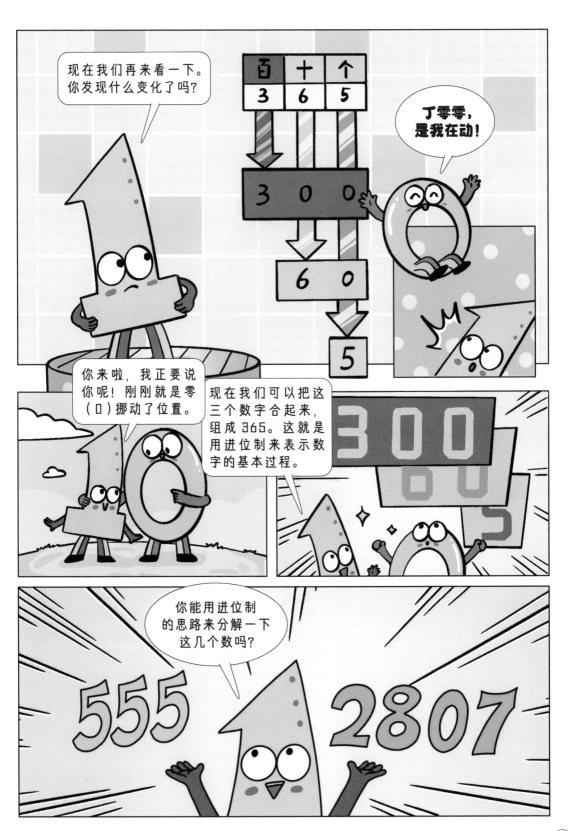

往前追溯，在几大古文明中，都早早各自出现了用来表示数量的数字符号。

阿拉伯数字	1	2	3	4	5	6	7	8	9
古埃及数字	I	II	III	IIII	IIIII	IIIIII	IIIIIII	IIIIIIII	IIIIIIIII
古罗马数字	I	II	III	IV	V	VI	VII	VIII	IX
中国筹算记数	I	II	III	IIII	IIIII	T	TT	TTT	TTTT

大数有多大

你可能觉得大数离自己很遥远，其实并不是这样的。让我们用刚刚了解的大数来重新认识一下自己！

每时每刻，你的心脏都在跳动，每分钟会跳 70~80 次。一天要跳动约 10 万次。一年则要跳动约 3650 万次。如果活到 85 岁，你的心脏一生大约要跳动 30 亿（3 000 000 000）次！

在生命的最开始，只有受精卵 1 个细胞。

三天之后，有了 12 个细胞。

半天之后，1 个细胞分裂成 2 个细胞。

三周之后，有了 10 亿多个细胞。

三个月之后，有了 1 兆多个细胞。

现在，你的身体里有大约 100 兆（100000000000000）个细胞！

在你的身体里，有着比细胞数目更多的细菌，不过多数细菌都是有益的，它们在你的肠胃中帮助你消化食物。

我们在说大数时，常常并没有给出非常精确的数值，而是一个大概的数值。

比如，2020年我国第七次人口普查的精确数值是1443497378，是不是非常复杂难记？

第七次人口普查

1443497378

当我们不需要精确计数时，为了方便记忆或计算，可以对数值进行简化，用近似数来表示。

1443497378

14亿多

大约

约

大概

近

多

当需要精确计数和比较时，情况就不一样了……

在你身边，还有很多跟你一样的小伙伴。在中国，有14亿（1400000000）多人，全世界有80多亿人！

比比谁大谁小

这附近最近新开了两家面包店，我们来看看它们的销量……

在生活中，我们常常需要对数量进行比较，数字可以表示数量，我们可以直接通过数字来比较大小。

比较大小时所用的符号叫作比较符号，包括大于号、小于号和等于号。比较符号中尖尖的一头总是指向更小的数。

下面我们就来看看，这两组数中，哪个数更大，哪个数更小呢？

就像在年级顺序上，小学一年级比幼儿园大班年级高，初中一年级比小学六年级年级高一样。

对于不同位数的数，最小的百位数比最大的十位数大，而最小的千位数也比最大的百位数大。

因此，当两个数的位数不同时，位数多的那个数会更大！

这两个数的最高位都是千，千位上的数字都是3，看来通过比较千位没法比出大小。

我们再来看百位，1比0大！

现在我们还需要比后面吗？

已经不用啦！高位上的数字大，那么整个数就会更大。200比199大，6 000比5 999大！

因此，在位数相同的情况下，我们需要从高到低依次来比较每个数位上的数字大小，在比较中一旦一方出现了更大的数字，这个数整体就会更大。

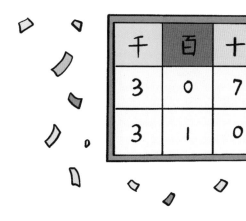

除了进行两两比较，还有需要同时比较多个数值的情况，我们可以将这些数值按照从大到小或者从小到大的顺序进行排序。

这是附近的居民对五家面包店的喜爱度投票。

数了一下，五家面包店分别获得了这些选票。

我们先把它们放进写有数位的表格中。

面 包 店	千	百	十	个
日 日 鲜		5	1	5
一 点 甜		6	2	7
香 喷 喷			9	8
安 心		3	8	1
麦 麦	1	2	3	4

38

面包店	千	百	十	个
麦 麦	1	2	3	4
一 点 甜		6	2	7
日 日 鲜		5	1	5
安 心		3	8	1

还有几家达到了三位数，它们百位数上的数字大小依次是6、5和3，因此票数由多到少依次是一点甜、日日鲜和安心。

面包店	千	百	十	个
麦 麦	1	2	3	4
一 点 甜		6	2	7
日 日 鲜		5	1	5
安 心		3	8	1
香 喷 喷			9	8

最后，香喷喷的票数只有两位数，因此是得票数最少的。

山峰名称	高度/米
冈仁波齐	6656
云台山	1297
贺兰山	3556
泰山	1524
珠穆朗玛峰	8848
梅里雪山	6710
长白山	2691

数字跳格子

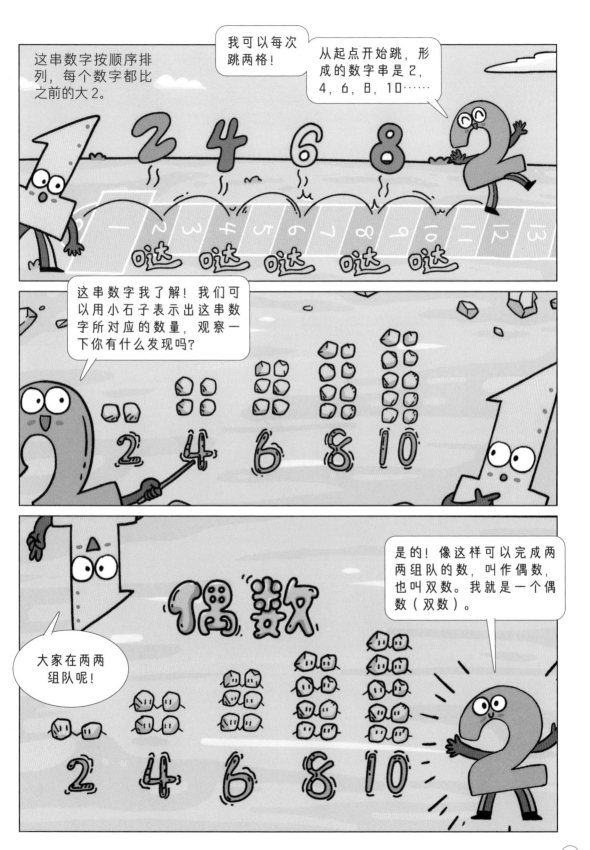

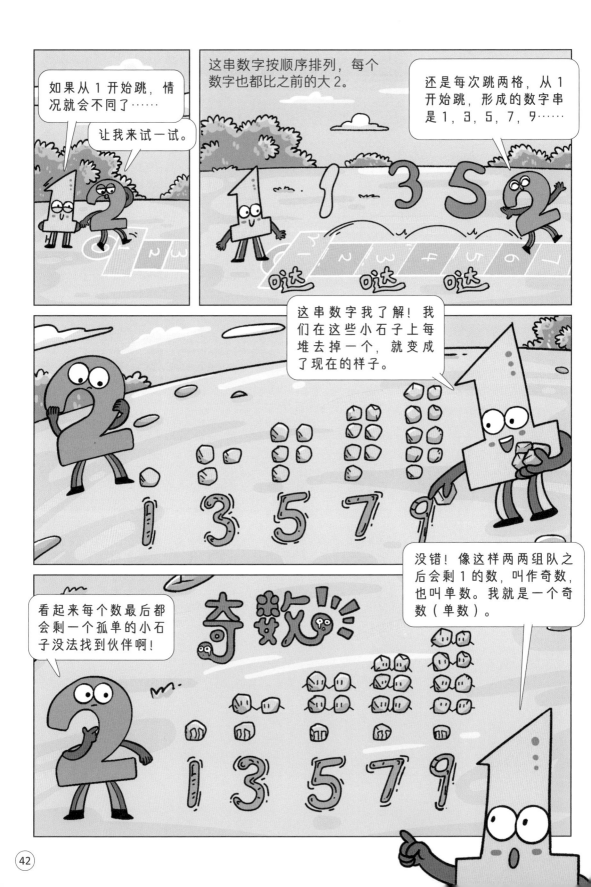

奇数偶数大集结

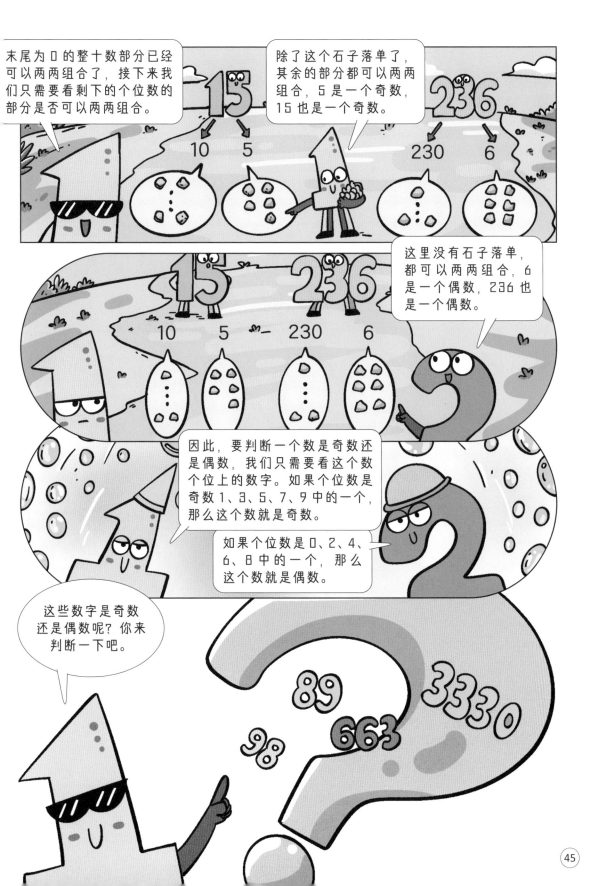

末尾为 0 的整十数部分已经可以两两组合了，接下来我们只需要看剩下的个位数的部分是否可以两两组合。

除了这个石子落单了，其余的部分都可以两两组合，5 是一个奇数，15 也是一个奇数。

这里没有石子落单，都可以两两组合，6 是一个偶数，236 也是一个偶数。

因此，要判断一个数是奇数还是偶数，我们只需要看这个数个位上的数字。如果个位数是奇数 1、3、5、7、9 中的一个，那么这个数就是奇数。

如果个位数是 0、2、4、6、8 中的一个，那么这个数就是偶数。

这些数字是奇数还是偶数呢？你来判断一下吧。

45

包罗万象的数

除了表示数量和进行数学运算，数字还有着极为丰富的内涵。

一表示整体，也代表着开始，在中国文化中，一是万物的本源，从一开始而逐步产生万物，因此可以说是"一统天下"。

二有两、双、对的意思，很多生命构造都是成对出现的，比如翅膀、双手和双脚。"好事成双"，代表了吉祥与圆满。同时，二还可以代表对立的两方，比如阴与阳、黑夜与白天。

三也是一个非常神奇的数字。在东方，人们认为三是"天、地、人"三者的集合体，在西方神话中，世界由天神、海神和冥王掌管。此外，生物有三大类，分别是植物、动物和微生物。

数字跟音乐之间也有着密切的联系。

琴键上逐渐升高的音符可以用数字来表示，不同的音符组合在一起就可以构成一首动人的乐曲。

数学家莱布尼茨曾说："音乐是人类大脑所体验到的，来自计数却从未意识到那就是计数的快乐。"所以，你感受到数字的快乐了吗？

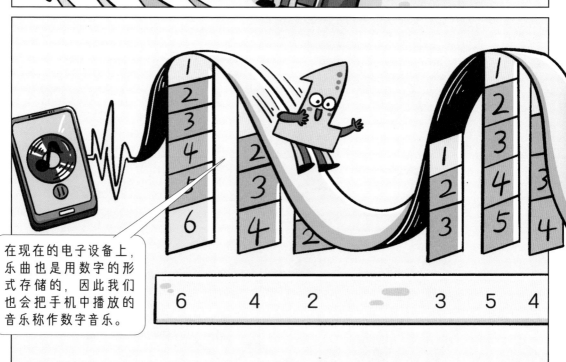

在现在的电子设备上，乐曲也是用数字的形式存储的，因此我们也会把手机中播放的音乐称作数字音乐。

这就是我们数的世界，它严谨、准确，不允许差错，但同时又丰富、有趣，充满种种可能。

人们用数来认识和理解万物，而在具体的表达中，数常常需要跟单位组合起来。可什么是单位呢？让我们在后面的阅读中继续美妙的数学探索吧！

第27页 555 由 500、50 和 5 组成，2807 由 2000、800 和 7 组成。

第31页 约 400000 米也就是约四十万米，近 400000000 米也就是近四亿米。

第39页 7526 < 25706　61350 > 61309

山峰从高到低排序为：

珠穆朗玛 8848 > 梅里雪山 6710 > 冈仁波齐 6656 > 贺兰山 3556 > 长白山 2691 > 泰山 1524 > 云台山 1297

第45页 89 奇数　　98 偶数　　663 奇数　　3330 偶数

第47页 五：数字五可以对应中国传统文化里的金木水火土；对应口感上的酸甜苦辣咸；还可以对应人的五官、五脏，农作物中的五谷。六：数字六在中国传统文化里是一个非常吉利的数字，因此人们常说"六六大顺"。七：数字七可以对应双眼、双耳、鼻部、口、舌总共七窍，还有天空中可以指路的北斗七星。八：数字八对应传统文化中的八卦，还有四面八方、四通八达之意。九：数字九是个位数中最大的，常表示最多、极限的意思，比如古代皇帝被称为九五至尊，形容很远会说九霄云外等。

02

计量单位

万物有尺度

嗨，我是尺度，在生活中，你常常会用到我。

在感慨山有多高时，我们会提到山的高度，不同的山有不同的高度，它们在空间上延伸。

在感叹时间流逝时，我们需要感知时间的变化，做不同的事情需要不同长短的时间，它们在时间上延续。

苹果在树枝上越长越大，越来越沉，也就是苹果的质量在逐渐变大。地球上的每种东西或轻或重，都有自己的质量。

身体上的长度与马屁股的距离

这里是古埃及，随着生产的发展，人们需要建造房屋、制作工具，可是因为没有一个大家公认的长短标准，常常出现很多麻烦……

建立了统一的长度单位，生活就方便多了。据说，有了腕尺等单位之后才有了世界文明奇迹金字塔呢！

不仅是古埃及人，全世界人民都喜欢用身体来作为衡量长短的标准。

在中国古代，就有着"布指知寸，布手知尺，身高为丈"的说法。

古人将中指当中的一节定为"1寸"，我们说土地上"寸草不生"，就是一点草都没长出来。

"得寸进尺"，尺是比寸更大的长度单位，人们将张开大拇指和中指的长度定为"1尺"。看到好吃的，真让人垂涎三尺啊！

1寸照片里的"寸"和中国古人的"寸"可不一样，一寸照片里的寸是英寸*，是一种英制单位。

注：
1英寸＝2.54厘米；
1寸＝3.33厘米。

现在，我们直接将测量长度的工具叫作尺子。

更大的长度单位是丈，古人将身体的长度定为"1丈"，因此就有了"堂堂男子汉大丈夫"的说法。

因为制作完成的火箭助推器需要用铁轨来运输，因此火箭助推器的宽度不能超过铁轨的宽度，依旧是两个马屁股的宽度！

但人们并没有总被马屁股所控制！现在全球通用的长度单位是米，我们在生活中常常会用到它……比如我周围的物体，高度就在1米左右。

1米

长度单位家族

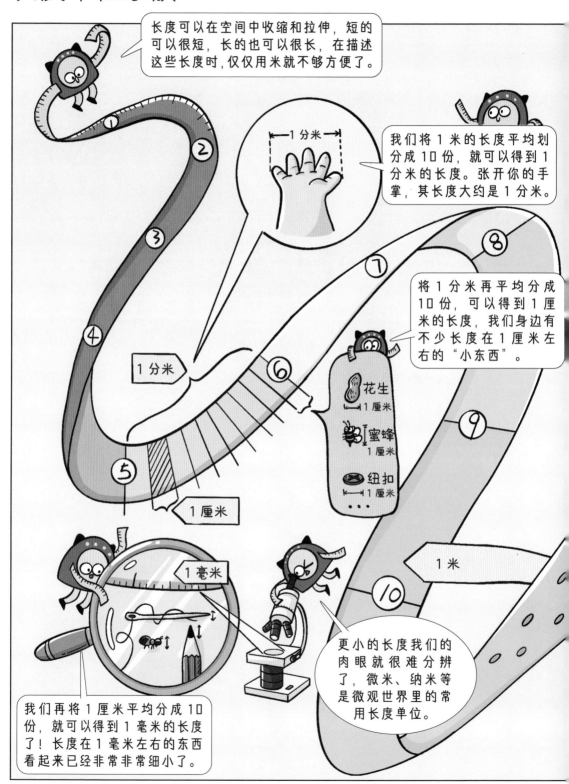

长度可以在空间中收缩和拉伸，短的可以很短，长的也可以很长，在描述这些长度时，仅仅用米就不够方便了。

我们将1米的长度平均划分成10份，就可以得到1分米的长度。张开你的手掌，其长度大约是1分米。

1分米

将1分米再平均分成10份，可以得到1厘米的长度，我们身边有不少长度在1厘米左右的"小东西"。

花生 1厘米
蜜蜂 1厘米
纽扣 1厘米
...

1厘米

1毫米

1米

更小的长度我们的肉眼就很难分辨了，微米、纳米等是微观世界里的常用长度单位。

我们再将1厘米平均分成10份，就可以得到1毫米的长度了！长度在1毫米左右的东西看起来已经非常非常细小了。

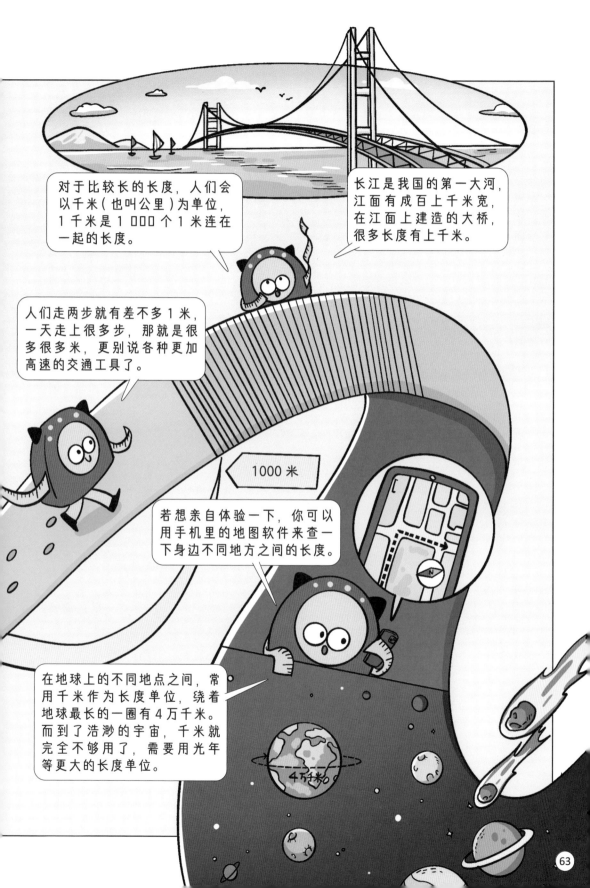

对于比较长的长度，人们会以千米（也叫公里）为单位，1千米是1000个1米连在一起的长度。

长江是我国的第一大河，江面有成百上千米宽，在江面上建造的大桥，很多长度有上千米。

人们走两步就有差不多1米，一天走上很多步，那就是很多很多米，更别说各种更加高速的交通工具了。

1000米

若想亲自体验一下，你可以用手机里的地图软件来查一下身边不同地方之间的长度。

在地球上的不同地点之间，常用千米作为长度单位，绕着地球最长的一圈有4万千米。而到了浩渺的宇宙，千米就完全不够用了，需要用光年等更大的长度单位。

4万千米

km m dm cm mm

千米　米　分米　厘米　毫米

从前面可以得知：
1 千米等于 1000 米。
1 米等于 10 分米。
1 分米等于 10 厘米。
1 厘米等于 10 毫米。

1 千米 =1000 米
1 米 =10 分米
1 分米 =10 厘米
1 厘米 =10 毫米

在你文具盒里的直尺上，就可以看到毫米和厘米的关系。

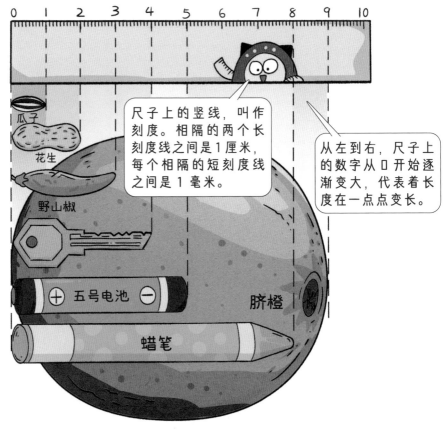

尺子上的竖线，叫作刻度。相隔的两个长刻度线之间是 1 厘米，每个相隔的短刻度线之间是 1 毫米。

从左到右，尺子上的数字从 0 开始逐渐变大，代表着长度在一点点变长。

瓜子

花生

野山椒

五号电池

脐橙

蜡笔

量量有多长

直尺可以用来量长度，比如这块巧克力。

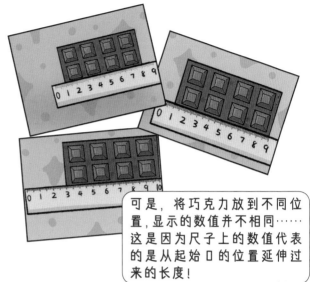

可是，将巧克力放到不同位置，显示的数值并不相同……这是因为尺子上的数值代表的是从起始 0 的位置延伸过来的长度！

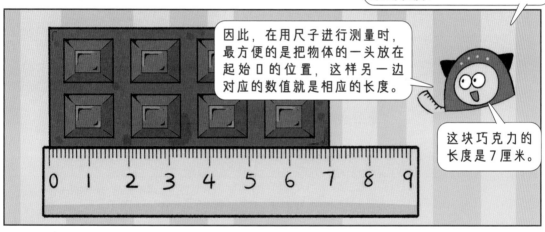

因此，在用尺子进行测量时，最方便的是把物体的一头放在起始 0 的位置，这样另一边对应的数值就是相应的长度。

这块巧克力的长度是 7 厘米。

如果尺子的左边碰巧损坏了，我们还能用它来测量，不过需去掉左边空余部分的长度。右边的长度显示是 9 厘米，去掉左边的 5 厘米后，可以得到糖果的长度是 4 厘米。

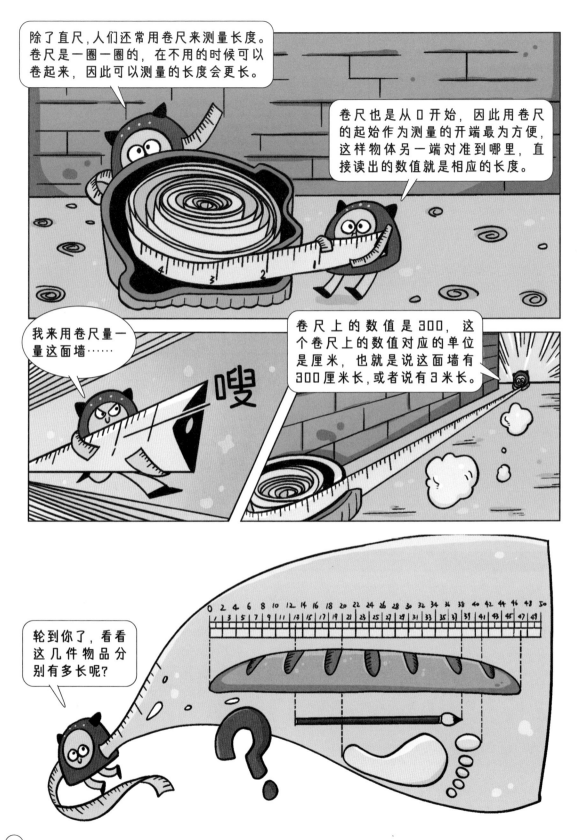

跷跷板与天平

各种事物包括人都是由物质组成的，事物中所包含的物质的量，就是质量。

在地球上，质量有一个特定的表现，就是会往下沉。

这是因为，地球对于地面上的各种物体都有吸引力，并且对于质量越大的事物吸引力就会越大。

那个小朋友的质量比较大，他受到的向下沉的力也就会更大，这就是他在地面上无法起来的原因。

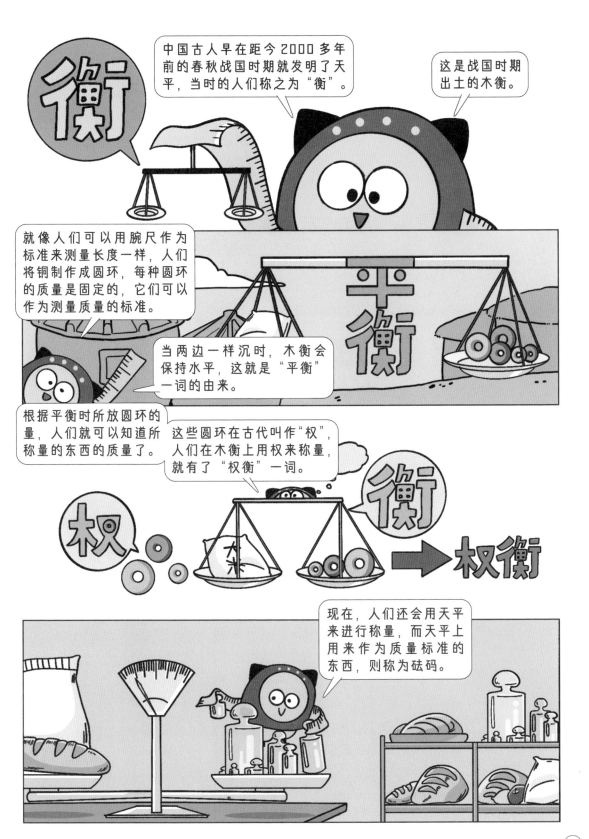

中国古人早在距今2000多年前的春秋战国时期就发明了天平，当时的人们称之为"衡"。

这是战国时期出土的木衡。

就像人们可以用腕尺作为标准来测量长度一样，人们将铜制作成圆环，每种圆环的质量是固定的，它们可以作为测量质量的标准。

当两边一样沉时，木衡会保持水平，这就是"平衡"一词的由来。

根据平衡时所放圆环的量，人们就可以知道所称量的东西的质量了。

这些圆环在古代叫作"权"，人们在木衡上用权来称量，就有了"权衡"一词。

现在，人们还会用天平来进行称量，而天平上用来作为质量标准的东西，则称为砝码。

质量单位家族

生活中，不同物体之间的质量差别很大，接下来我们就分别来看看，你可以把这些东西找出来亲自感受一下。

一粒芝麻或者一颗盐粒的质量大概是几毫克到几十毫克，这是我们几乎感受不到的质量。

一枚曲别针的质量大约是1克，一片薯片的质量大概2克，一个鸡蛋大概50克，这些东西拿起来感觉很轻。

两瓶常规大小的矿泉水的质量是1千克，一本大词典的质量也差不多是1千克，这个大西瓜的质量有6千克，已经感觉挺沉了。

还有些东西，它们的质量比较大，比如汽车。一辆汽车的质量有2吨多！

当我们测量很轻的物体的质量时，可以以毫克为单位。

毫克

克也是一个比较小的质量单位，我们在说一些较小质量的物体时会常常用到。1克等于1000毫克。

克

千克是我们估量体重时常用到的质量单位，比如你的体重有50多千克。1千克等于1000克。

千克

当我们称量一些很重的物体的质量时，会用吨来做单位。1吨等于1000千克。

吨

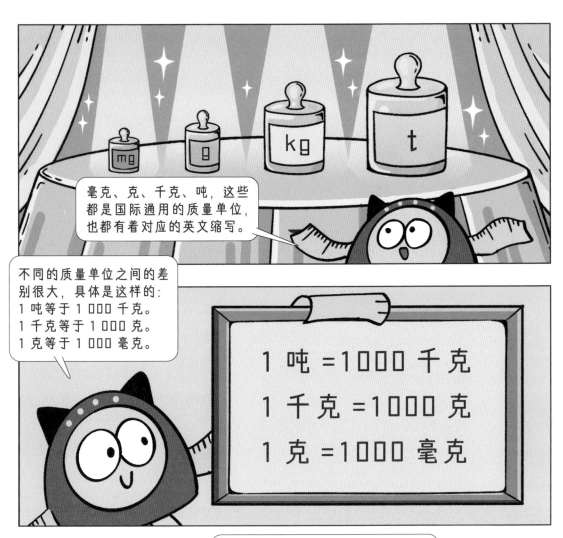

毫克、克、千克、吨，这些都是国际通用的质量单位，也都有着对应的英文缩写。

不同的质量单位之间的差别很大，具体是这样的：
1 吨等于 1 000 千克。
1 千克等于 1 000 克。
1 克等于 1 000 毫克。

$$1 吨 = 1000 千克$$

$$1 千克 = 1000 克$$

$$1 克 = 1000 毫克$$

对于各种东西的质量，除了天平，人们还发明了一些其他的称量工具，这些工具有一个共同的名字——秤。

量量有多沉

了解了不同的质量单位之后，我们就可以开心地去逛市场了。

在药材铺里，每种药材需要的量都很少，常常以克为单位，而称量所用的是传统的杆秤。

杆秤上有着均匀划分的点点，这些点点是杆秤上的刻度。平衡时秤砣的线绳所在的地方，就对应着所称东西的质量。

5折 西红柿 黄 甩卖 水果

在菜市场里，蔬菜、水果、肉、蛋等食品大多是称重后按量算钱来卖的，因此每个摊位上都一定会有秤。

菜摊上常用的是电子秤，电子秤常以千克为单位。把东西放上去后，直接就可以看到数值，非常方便。

甜瓜多少钱一斤？

除了克、千克等国际通用单位，在日常生活中，人们常常用斤来做单位。那么斤和克、千克之间有着怎样的关系呢？

这个甜瓜刚好1千克。我们把这个甜瓜平分一下，那么得到的这半个甜瓜就是1斤。

1千克等于1 000克，1千克平分成两份，每份是1斤，也是500克，因此一斤等于500克。

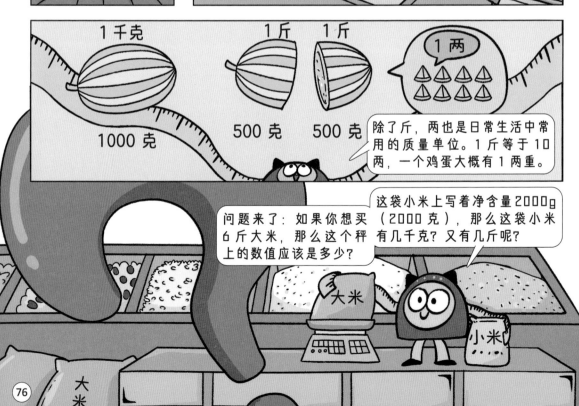

1千克

1000克

1斤   1斤

500克   500克

1两

除了斤，两也是日常生活中常用的质量单位。1斤等于10两，一个鸡蛋大概有1两重。

问题来了：如果你想买6斤大米，那么这个秤上的数值应该是多少？

这袋小米上写着净含量2000g（2000克），那么这袋小米有几千克？又有几斤呢？

大米

小米

在中国，相传春秋时期的范蠡发明了最早的秤，他在秤上用刻度标注出斤和两。

他在秤上还做了分别代表"福""禄""寿"的标记。

如果商人卖东西时欺骗顾客，少给一两，会缺"福"，少给二两，会缺"福"和"禄"，少给三两，"福""禄""寿"都缺，以此来引导人们诚信买卖。

一直以来，缺斤少两、斤斤计较都是被人们所反感的行为，而公平则是人们永恒的追求。

寻找时间的踪迹

永恒实在是太漫长了，我还是出来玩会儿吧……

变成雕塑时的场景还历历在目。

时光流逝，转眼间，一切都已改变……

时间无影无踪，但又悄悄在我们身边留下许多痕迹，我们可以怎样记录时间的变化呢？

日常生活中人们产生过很多计时的灵感。

这匹马"嗖"的一下就从我身边飞过去了，就在非常短的一瞬间！因此，人们会用"白驹过隙"来形容非常短的时间。

朋友来做客，人们常常会沏茶招待。茶叶从沏好到饮用，这一小会儿的时间人们会用"一盏茶"的工夫来描述。

僧人在打坐的时候常常会点香，一根香从点上到燃尽会有一段时间，这个时间是相对固定的，因而"一炷香"的时间就成为人们描述时长的一个标准。

那么，"白驹过隙""一盏茶""一炷香"的时间究竟有多长？有没有更精确的时间表示方法呢？

在一天里，太阳的位置不断变化，物体在阳光下投影的位置也会不断变化。人们据此发明了计时工具——日晷。不过日晷在晚上和没有太阳的时候就没法用了。

沙子在漏斗里会均匀地往下流，人们据此发明了沙漏，每次沙子从装满到流完的时间都是一样的，但沙漏能够计量的时间比较有限。

后来，科学家根据物体摆动和原子振动的规律，发明了钟表。钟表计时非常准确，而且可以不停转动，是我们现在最常用的计时工具。

钟表里——有转动的指针，它们分别是……

我是秒针，我的身材最苗条，我每走一步是一秒钟，一秒钟非常短暂。

白驹过隙就在 1 秒间，你的心跳在 1 秒钟内就会跳动一次，每 3 ~ 5 秒你会呼吸一次。

我是分针，我也是高高瘦瘦的，我每走一步是一分钟，一分钟也很短。你可以定时一分钟，闭上眼睛感受一下时间的流逝。

一盏茶的工夫大概是 15 分钟，一节课的时间是 40 分钟，一集动画片的时间是几十分钟。

我是时针，我矮矮胖胖的，我每走一大步是一小时，一小时是不短不长的一段时间。

一炷香的时间大概是 1 小时，你每天要睡 9 ~ 10 个小时，一天有 24 小时。

看看几点了

看这里，看这里！我们进来了！要想知道现在是什么时候，你得来看表。

表盘上显示的数字是 0 ~ 12，数字对应的就是具体的小时数。

通常人们在说时间时会说小时和分钟，因此我们只需要看时针和分针，它们都是按照"顺时针"的方向来运动的。

时针指示的是现在处于一天中的哪一个小时。我走得最慢，但每步走一大格，也就是 1 小时，12 步走一圈是 12 小时。

1 小时

分针指示的是现在处于一小时里的多少分钟。我走得快，但步子小，我每步走一小格，是 1 分钟，60 步走完一圈是 1 小时。

1 分钟

时间单位家族

在说到时间时，除了准确地描述几点几分，还有些其他的说法。

如果分针刚刚从 12（0）点开始走了一小段，这时的时针会刚刚走过整点，那么我们可以用几点过几分（6点过10分）来描述。

如果分针快要走完一圈，这时的时针就要到达下一个整点了，那么我们可以用差几分钟几点（差10分钟6点）来描述。

如果分针刚好走了半圈，时针会刚好指在两个整点之间，那么我们可以用几点半（比如6点半）来描述。

一天里有24小时。每一天都从0点开始，经历黎明破晓到正午12点太阳高照，这是前半天的时间；接下来太阳逐渐落山到夜晚来临，这是后半天的时间。

把"你"放进世界中

现在，让我们用前面了解的这些单位来描述一下自己……

大家好！我叫团团，我今年 10 岁了，我现在的身高大概是 140 厘米，体重快 80 斤了。

团团提到了年龄，这是一个人自出生以来的时间；提到了身高，这是一个人在空间中所占据的高度；提到了体重，这是一个人的质量。

那么，人类究竟是大是小呢？为了更好地回答这个问题，你需要把自己放进世界里。

作为目前世界上现存的最大的动物，一头蓝鲸的身长有28米，重达160吨。相比之下，人类实在是太小了，还没有蓝鲸的一只鳍大。

作为世界上最小的鸟，美丽的蜂鸟体长5厘米左右，只有人类一根手指头那么大，体重只有2克左右。相比之下，人类好大啊！

蜉蝣在变成成虫之后，最多只能活24小时。"朝生而暮死，与蜉蝣同寿"，24小时，我们生命里的一天就是蜉蝣的一生。

对比之下，许多树木的寿命就长多了。树干中的年轮可以记录树木的生长情况，通常年轮可以一年生长一圈。

去山川古建游玩，我们常常可以看到很"高龄"的树木，它们已经在地球上存活了数百年甚至上千年，这得经历了多少故事啊！

跟长寿相搭配的往往是缓慢的生长速度，目前已知的生长最慢的尔威兹加树，100年才长30厘米。而你在出生后用不了10年身高就超过1米（100厘米）啦！不过你也别骄傲，有些植物的生长速度也是很快的，竹子1天就可以长1米，所以人们会用"节节高升"来描述。

30厘米

| 100 年 | 10 年 | 1 天 |

答案页

第66页

轮到你了，看看这几件物品分别有多长呢？

面包长 47 厘米，毛笔长 25 厘米，脚印长 21 厘米。

第76页

问题来了，如果你想买 6 斤大米，那么这个秤上的数值应该是多少？

6 斤大米也就是 3 千克大米。

第76页

这袋小米上写着净含量 2000g（2000 克），那么这袋小米有几千克？又有几斤呢？

小米的净含量为 2000 克，也就是 2 千克，又等于 4 斤。

第83页

你来看看这个钟表，上面显示的是几点几分？再过 20 分钟后会是几点几分呢？

表上显示的是 6 点 40 分，再过 20 分钟后是 7 点整。

03

小数与分数

不只有整数

小数初相识

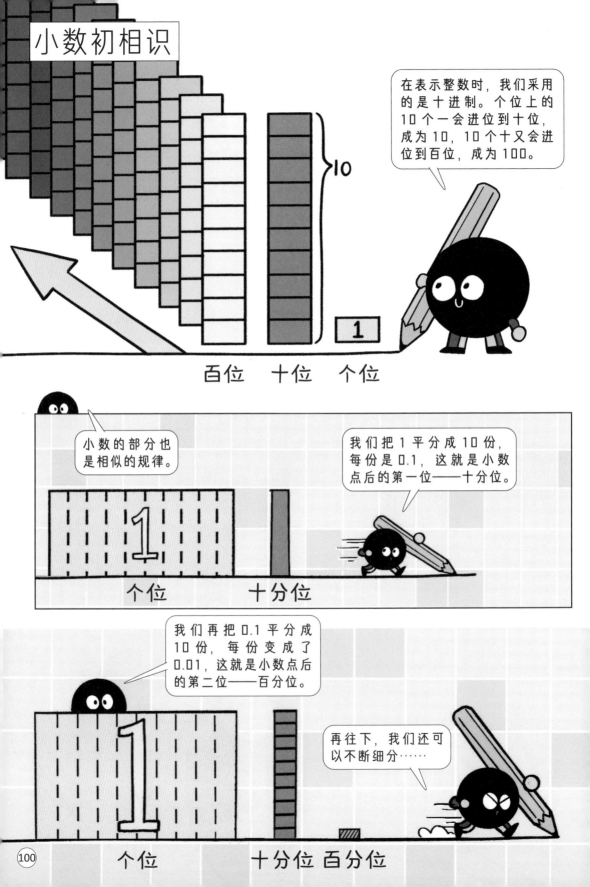

在表示整数时，我们采用的是十进制。个位上的 10 个一会进位到十位，成为 10，10 个十又会进位到百位，成为 100。

10

1

百位　十位　个位

小数的部分也是相似的规律。

我们把 1 平分成 10 份，每份是 0.1，这就是小数点后的第一位——十分位。

个位　　　十分位

我们再把 0.1 平分成 10 份，每份变成了 0.01，这就是小数点后的第二位——百分位。

再往下，我们还可以不断细分……

个位　　　十分位 百分位

100

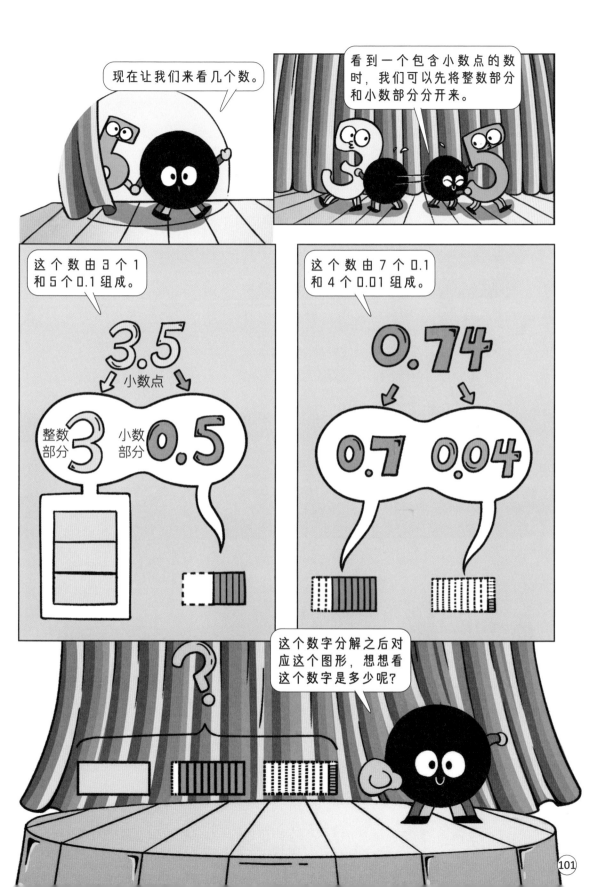

小数的大与小

能力很大的小数点

在整数后面加0，就相当于所有的数字都往前进位，因此整个数的数值会相应地变大。

对小数而言，小数点就像一个数位固定器，不论在小数点右边加几个0，都不会改变前面数字所在的数位。所以就无法改变数的大小了。

这么说来，所有的整数其实都可以看作小数部分为0的小数，而有时候为了保持各个数字数位的统一，人们会在小数的最后加0。

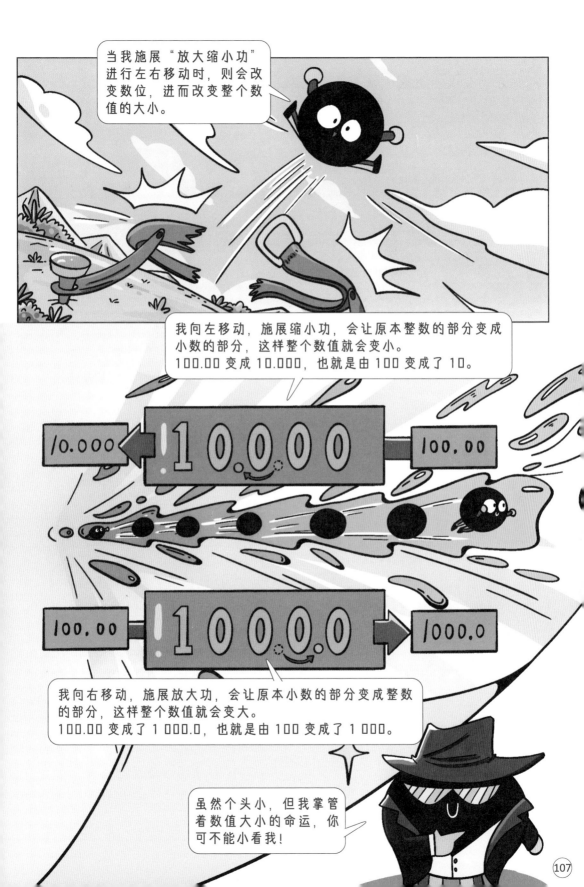

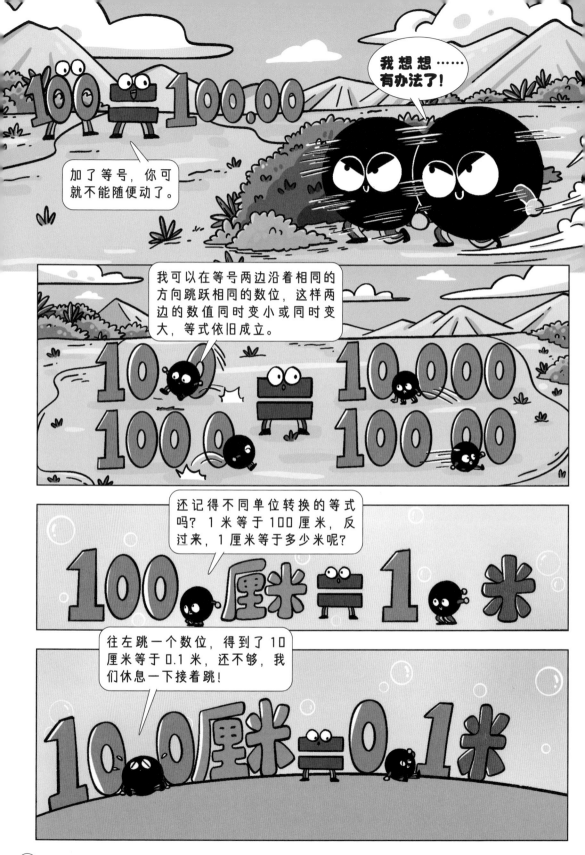

再跳一下，也就是等式两边的小数点再同时向左移动一个数位，我们就得到了 1 厘米等于 0.01 米。

同样的办法，知道了 1 千克等于 1 000 克，连跳三次，也就是等式两边的小数点同时向左移动三个数位，我们就能得到 1 克等于 0.001 千克。

想一想，1 毫米等于多少米？1 千克等于多少吨呢？

现在，我们去找找生活中的小数吧！

生活处处有小数

重新回到这里，一切都是那么熟悉……

重新来量一下这个架子，架子的高度是112厘米，也就是1.12米。

112厘米

冰箱的高度是173厘米，也就是1.73米。

173厘米

这下不用砍东西也可以把高度都表示出来啦！

除了量高度，买东西时也常常会用到小数。

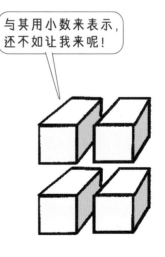

平均分出来的数

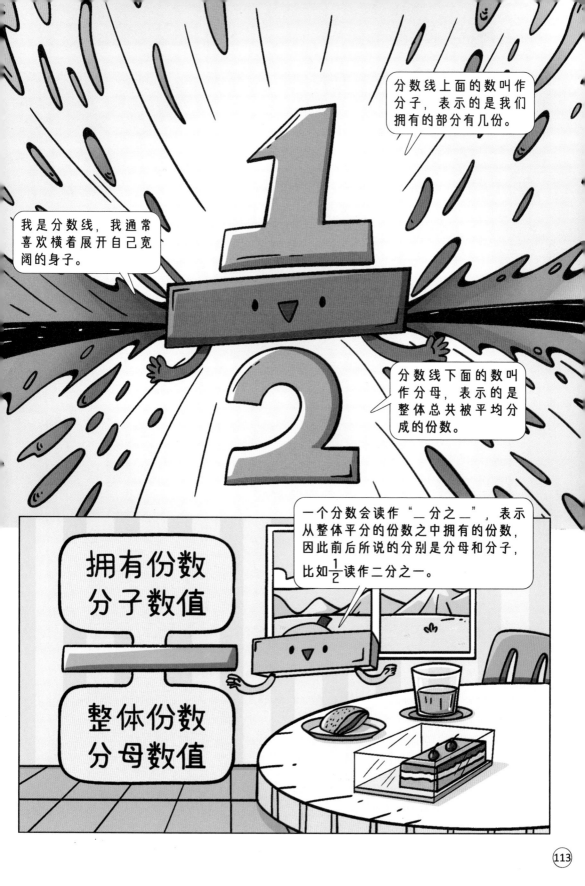

变与不变的魔法

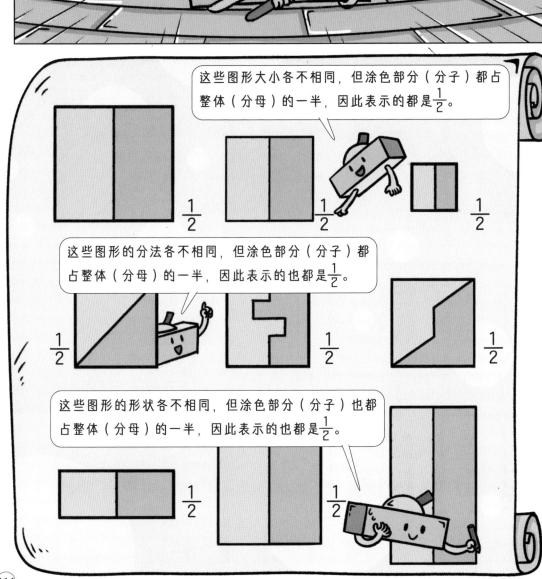

看分数时，不能单看整体（分母）或部分（分子），而要看部分在整体中的占比，分数是一个比较出来的数值。

都做好了！

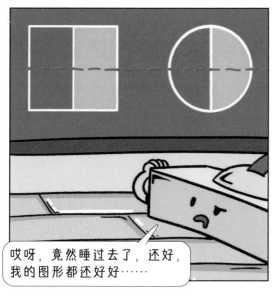

哎呀，竟然睡过去了，还好，我的图形都还好好……

谁动了我的图形？！

分数的大与小

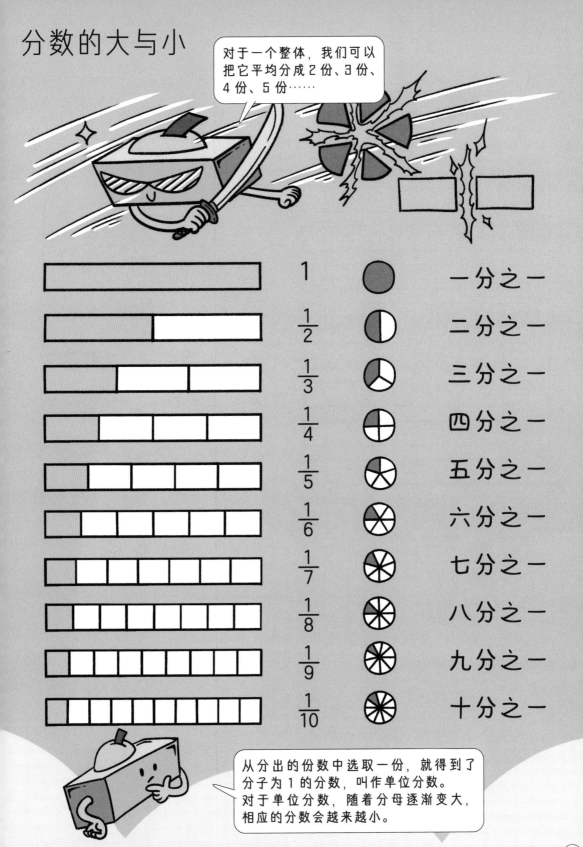

对于一个整体，我们可以把它平均分成2份、3份、4份、5份……

	1		一分之一
	$\frac{1}{2}$		二分之一
	$\frac{1}{3}$		三分之一
	$\frac{1}{4}$		四分之一
	$\frac{1}{5}$		五分之一
	$\frac{1}{6}$		六分之一
	$\frac{1}{7}$		七分之一
	$\frac{1}{8}$		八分之一
	$\frac{1}{9}$		九分之一
	$\frac{1}{10}$		十分之一

从分出的份数中选取一份，就得到了分子为1的分数，叫作单位分数。对于单位分数，随着分母逐渐变大，相应的分数会越来越小。

整体分好后，除了从整体里面选择一份，我们还可以选择几份……

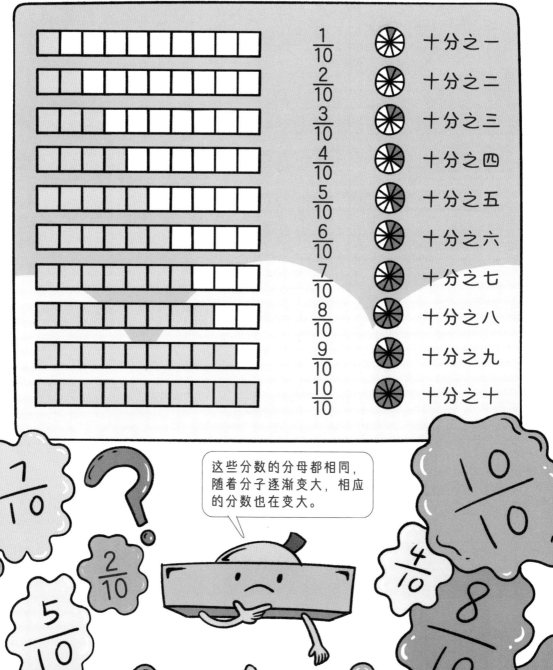

$\frac{1}{10}$ 十分之一

$\frac{2}{10}$ 十分之二

$\frac{3}{10}$ 十分之三

$\frac{4}{10}$ 十分之四

$\frac{5}{10}$ 十分之五

$\frac{6}{10}$ 十分之六

$\frac{7}{10}$ 十分之七

$\frac{8}{10}$ 十分之八

$\frac{9}{10}$ 十分之九

$\frac{10}{10}$ 十分之十

这些分数的分母都相同，随着分子逐渐变大，相应的分数也在变大。

真假分数

看看我，真正的分数都是分子小于分母的，所以我叫真分数。

假分数，哈哈哈！果然名副其实，是假的，不是真的。

我是分数！

我才是！

听我说……

当人们需要从整体中表示一部分时，创造了分数，因此通常我们提到分数最先想到的是分子小于分母的数，也就是真分数。

但后来，人们发现，当分子大于分母时，也可以表示数值，假分数就这样出现了，假分数当然也是分数！

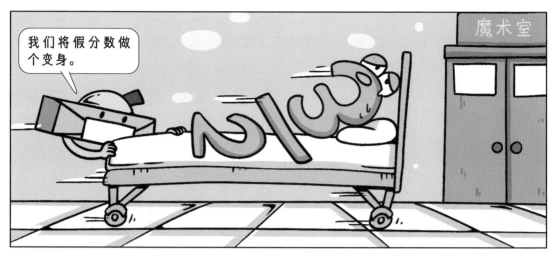

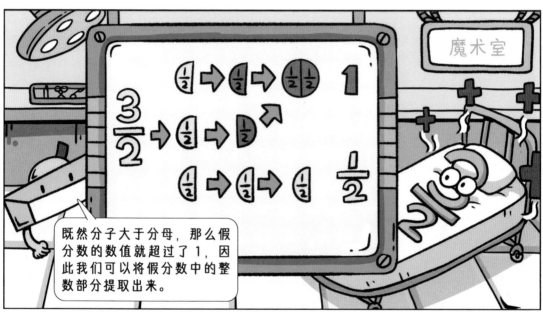

我们先用图形把 $\frac{7}{3}$ 表示出来，总共是 7 个 $\frac{1}{3}$ 圆。
我们把这 7 个 $\frac{1}{3}$ 圆拼在一起，可以得到 2 个圆和
剩下的 1 个 $\frac{1}{3}$ 圆。这就是 $2\frac{1}{3}$。

我们可以把假分数 $\frac{7}{3}$ 转化成带分数。

我们先用图形把 $1\frac{3}{5}$ 表示出来，即有一个平均分成 5
份的圆和一个从平均分成 5 份的圆里取 3 份的扇形。
我们把每份分开摆放，总共可以得到 8 份 $\frac{1}{5}$ 圆。
这就是 $\frac{8}{5}$。

现在我们想办法把带分数 $1\frac{3}{5}$ 化为假分数。

你来试一试，把假分数 $\frac{7}{4}$ 转化成带分数吧。

试衣间

我们出来了！

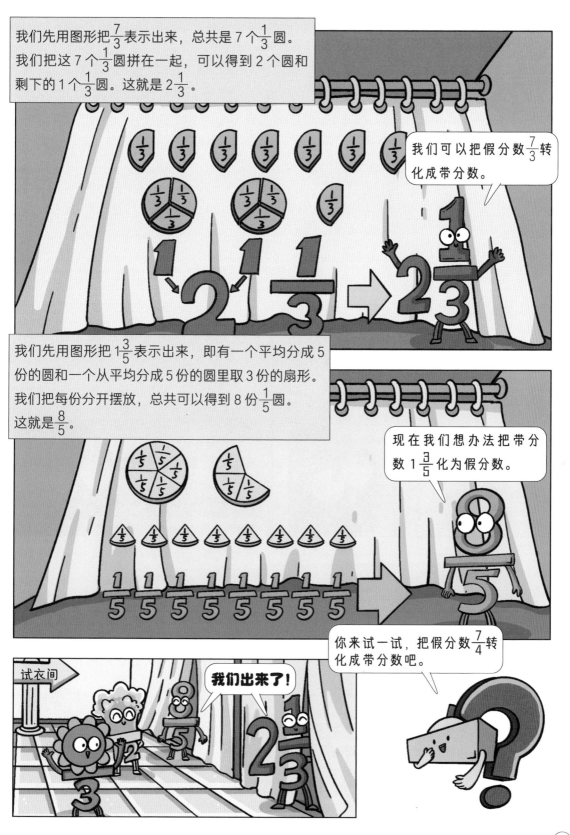

127

分数和小数认亲了

怎么能这样？

10 ➡ 100

现在呢？我可以用小数 0.50 来表示，你还能行吗？

总共平均分成 100 份，取了其中的 50 份，那就是 $\frac{50}{100}$ 了。

0.1 0.01 0.001

小数的各个数位是把整体 1 依次平均分成 10 份、100 份和 1 000 份，相应的一份也就分别是 $\frac{1}{10}$，$\frac{1}{100}$ 和 $\frac{1}{1000}$，因此小数都可以用分数表示出来。

10 100 1000

这些小数，你真的都能变成分数吗？

3.6
5.71

个位　十分位　　百分位

3　｜　6
5　｜　7　｜　1

我们把小数放到数位里来看看。

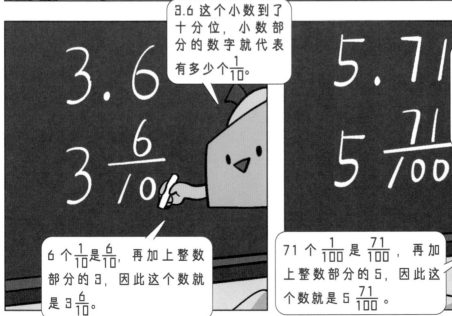

3.6

$3\frac{6}{10}$

3.6 这个小数到了十分位，小数部分的数字就代表有多少个 $\frac{1}{10}$。

6 个 $\frac{1}{10}$ 是 $\frac{6}{10}$，再加上整数部分的 3，因此这个数就是 $3\frac{6}{10}$。

5.71

$5\frac{71}{100}$

5.71 这个小数到了百分位，小数部分的数字就代表有多少个 $\frac{1}{100}$。

71 个 $\frac{1}{100}$ 是 $\frac{71}{100}$，再加上整数部分的 5，因此这个数就是 $5\frac{71}{100}$。

大受欢迎的百分数

认亲怎么能少了百分数！

原来是你啊！

我是百分号，我跟数字组合在一起，组成"百分之……"，比如你看到的百分之一。

百分数跟小数和分数都有着密不可分的联系。百分数的产生是为了更方便地比较比例关系。

百分数　小数　分数

百分数	小数	分数	
1%	0.01	$\frac{1}{100}$	
10%	0.10	$\frac{10}{100}$	$(\frac{1}{10})$
20%	0.20	$\frac{20}{100}$	$(\frac{1}{5})$
25%	0.25	$\frac{25}{100}$	$(\frac{1}{4})$
50%	0.50	$\frac{50}{100}$	$(\frac{1}{2})$
75%	0.75	$\frac{75}{100}$	$(\frac{3}{4})$
100%	1.00	$\frac{100}{100}$	

由图可见，百分数和小数、分数三者之间可以实现相互转化。

在生活中，人们喜欢用百分数来表示一种成分在总体中所占据的含量。

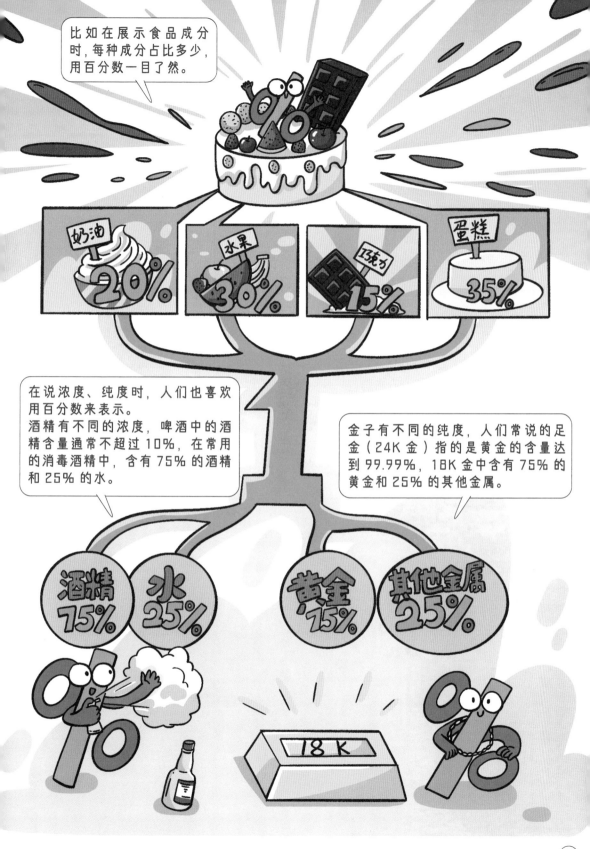

树木是森林的一部分，山川是大地的一部分，云朵是天空的一部分。
小数、分数可以用来表示各种数量和数量关系，百分数只表示数量关系，我们都是数的一部分，你可要好好利用我们哦！

答案页

第101页 这个数字分解之后对应这个图形，想想看这个数字是多少呢？

图形对应的数字是 1.99。

第104页 现在，你来比一比，在这两组数中，哪个数更大呢？

0.086 和 0.2 相比，0.2 更大。
31.5 和 27.96 相比，31.5 更大。

第109页 想一想，1 毫米等于多少米？1 千克等于多少吨呢？

1 毫米等于 0.001 米，1 千克等于 0.001 吨。

第118页 找一找，这些巧克力盒子里，哪个盒子里白巧克力占总数的分数值跟上面的分数是等值分数呢？

 这个巧克力盒子中白巧克力的占比为 $\frac{2}{6}$，跟 $\frac{1}{3}$ 和 $\frac{3}{9}$ 是等值分数。

第127页 你来试一试，把假分数 $\frac{7}{4}$ 转化成带分数吧。

假分数 $\frac{7}{4}$ 转化成带分数为 $1\frac{3}{4}$。

04

加减运算

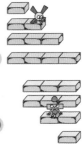

运算符号的出现

加油！加油！

嗨，我是加号，我喜欢不断增加的感觉。

增加，再增加，这很符合历史的潮流……

远古时候，人们以采集和狩猎为生，这样的生活具有很大的不确定性，需要人们对收获的食物做好计数和分配。

随着历史的发展，人们创造出的物质和财富不断增加，这个过程中，人们也在进行着越来越复杂的运算……

在钱币出现后，可以买到各种东西的钱成为人们追逐的对象。算清自己手里有多少钱是一件很重要的事情。

后来，人们定居下来，开始种植庄稼、饲养家畜，这时人们需要计算清楚土地的面积和家畜的数量，以及收获的粮食有多少。

那么，2 加 3 等于多少呢？

通过计数，可以得到 2 加 3 等于 5。

列式子的目的是在等号右边得出计算的结果，左右相等时，算式就可以变成一个等式。

无论谁在前、谁在后，加起来之后各个数总会合到一起，因此我们可以交换加号前后数的位置。

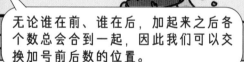

交 换 律

两个数相加，无论按什么顺序来写，计算的结果都是一样的，这叫作交换律。

加减运算的办法

故事要从很久之前说起······

哪种运算都得算，我们需要找到准确快速的计算方法。对此，我国古人有着非凡的智慧。

相传，一天一个商人外出收粮食。在第一户人家，他收购到 21 袋粮食，在第二户人家，他又收购到 34 袋粮食。现在，车上有多少袋粮食呢？

经过一片树林时，商人看到了落在地上的树枝，他灵机一动，开始在地上用树枝比画起来······

我们当然可以一袋袋地挨个数一遍，不过这样实在太麻烦了。

商人用竖放的一根根树枝表示一个个 1，用横放的一根根树枝表示一个个 10。

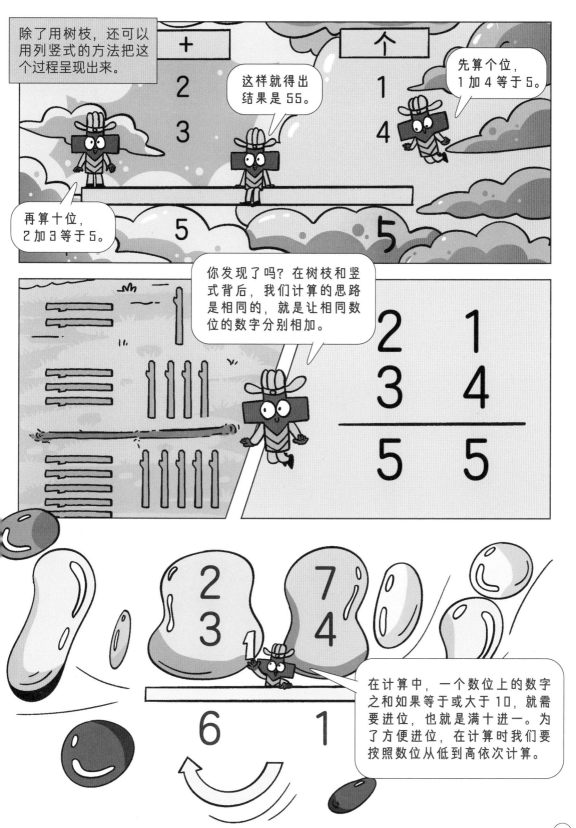

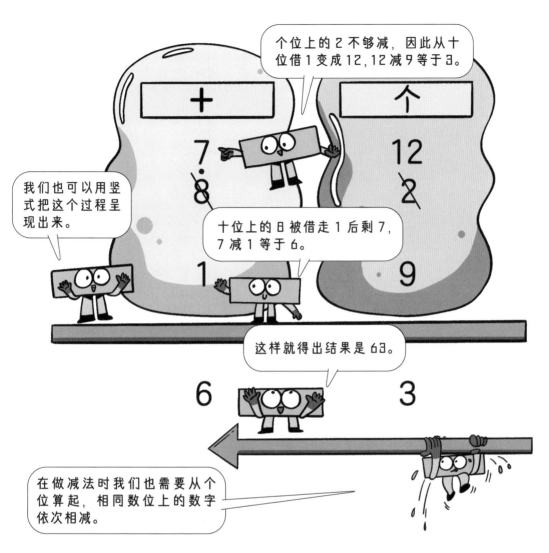

从算筹到运筹

153

运算的用武之地

由部分组成整体，是一个增加的过程。

从整体中去掉部分，是一个减少的过程。

合唱队有 26 名女生，24 名男生，合唱队总共有多少人？

班里有 45 名同学，有 17 人报名参加了演讲比赛，有多少人没有报名呢？

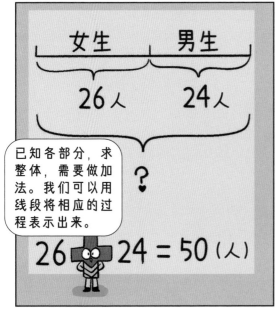

女生　男生

26人　24人

已知各部分，求整体，需要做加法。我们可以用线段将相应的过程表示出来。

?

26 ➕ 24 = 50 (人)

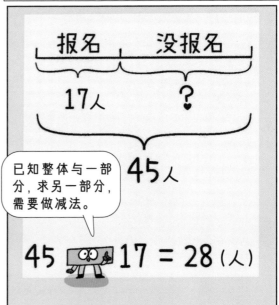

报名　没报名

17人　?

45人

已知整体与一部分，求另一部分，需要做减法。

45 ➖ 17 = 28 (人)

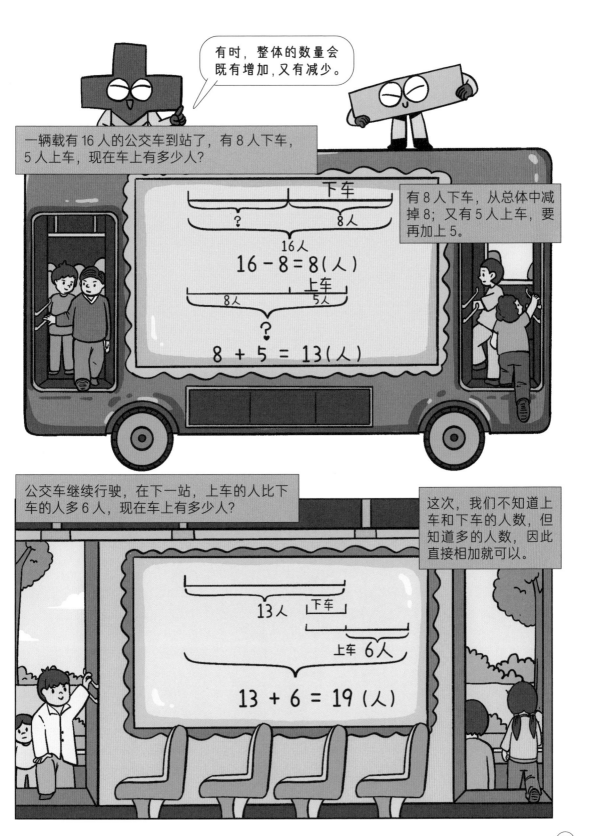

我们来比一比爷爷和奶奶的年龄。

奶奶今年 68 岁，奶奶比爷爷大 3 岁，爷爷今年多少岁？

奶奶今年 68 岁，爷爷比奶奶小 3 岁，爷爷今年多少岁？

爷爷今年 65 岁，奶奶比爷爷大 3 岁，奶奶今年多少岁？

爷爷今年 65 岁，爷爷比奶奶小 3 岁，奶奶今年多少岁？

听起来像绕口令……
到底多少岁啊？

无论是奶奶比爷爷大，还是爷爷比奶奶小，我们都可以得知奶奶的年龄更大，爷爷的年龄更小。

知道爷爷的年龄求奶奶的年龄，需要做加法。

奶奶		爷爷	
68 岁		65 岁	
爷爷		奶奶	
?	3 岁	?	3 岁

68-3=65(岁)   65+3=68(岁)

因此知道奶奶的年龄求爷爷的年龄，需要做减法。

在看到"比……大/多""比……小/少"时,
比较的问题就来了,
这时需要先确定两者的数量关系。

小/少

大/多

如果已知多的一方和两者的差值,求少的一方,就需要做减法。

小欢体重 65 千克,小欢的体重比小胖多 8 千克,小胖的体重是多少呢?

如果已知少的一方和两者的差值,求多的一方,就需要做加法。

答案页

第151页

你来算一算，
56 加上 19 等于多少？　　　56 减去 19 等于多少？

56+19=75　　　　　　　　56−19=37

第157页

小欢体重 65 千克，小欢的体重比小胖多 8 千克，
小胖的体重是多少呢？

小欢的体重数值比小胖大，已知大的一方和两者的差值，
需要做减法。
小胖的体重：65−8=57（千克）

作者团队

米莱童书 | ⋀⋀ 米莱童书
　　　　　　　　成就孩子的未来

米莱童书是由国内多位资深童书编辑、插画家组成的原创童书研发平台。旗下作品曾获得 2019 年度"中国好书"，2019、2020 年度"桂冠童书"等荣誉；创作内容多次入选"原动力"中国原创动漫出版扶持计划。作为中国新闻出版业科技与标准重点实验室（跨领域综合方向）授牌的中国青少年科普内容研发与推广基地，米莱童书一贯致力于对传统童书进行内容与形式的升级迭代，开发一流原创童书作品，适应当代中国家庭更高的阅读与学习需求。

策　划　人： 刘润东　　张秀婷

原创编辑： 窦文菲

知识脚本作者： 于利 北京市海淀区北京理工大学附属小学数学老师，
　　　　　　　　　　34 年小学数学教学经验，海淀区优秀"四有"教师。

漫画绘制： Studio Yufo

专业审稿： 苑青 北京市西城区育才小学数学老师，32 年小学数学教学
　　　　　　　经验，多次被评为教育系统优秀教师。

装帧设计： 张立佳　　刘雅宁　　刘浩男　　马司雯　　汪芝灵

封面插画： 孙愚火

图书在版编目（CIP）数据

让孩子读懂数学语言 / 米莱童书著绘. -- 北京：
北京理工大学出版社, 2024.4
　　（启航吧知识号）
　　ISBN 978-7-5763-3426-5

Ⅰ.①让… Ⅱ.①米… Ⅲ.①数学—少儿读物 Ⅳ.
①O1-49

中国国家版本馆CIP数据核字(2024)第011912号

出版发行 / 北京理工大学出版社有限责任公司
社　　址 / 北京市丰台区四合庄路 6 号
邮　　编 / 100070
电　　话 / （010）82563891（童书售后服务热线）
网　　址 / http://www.bitpress.com.cn
经　　销 / 全国各地新华书店
印　　刷 / 雅迪云印（天津）科技有限公司
开　　本 / 710毫米×1000毫米　1 / 16
印　　张 / 10　　　　　　　　　　　　　　责任编辑 / 李慧智
字　　数 / 250千字　　　　　　　　　　　文案编辑 / 李慧智
版　　次 / 2024年4月第1版　2024年4月第1次印刷　　责任校对 / 王雅静
定　　价 / 38.00元　　　　　　　　　　　责任印制 / 王美丽